Bibliografische Information der Deutschen Nationalbibliothek:

Die Deutsche Bibliothek verzeichnet diese Publikation in der Deutschen National-
bibliografie; detaillierte bibliografische Daten sind im Internet über http://dnb.d-
nb.de/ abrufbar.

Impressum:

Copyright © 2007 GRIN Verlag, Open Publishing GmbH
Druck und Bindung: Books on Demand GmbH, Norderstedt Germany
ISBN: 9783640647903

Dieses Buch bei GRIN:

http://www.grin.com/de/e-book/152853/moskau-eine-sozialistische-stadt

Markus Winter

Moskau - eine „sozialistische Stadt"?

Stand 2007

GRIN Verlag

GRIN - Your knowledge has value

Der GRIN Verlag publiziert seit 1998 wissenschaftliche Arbeiten von Studenten, Hochschullehrern und anderen Akademikern als eBook und gedrucktes Buch. Die Verlagswebsite www.grin.com ist die ideale Plattform zur Veröffentlichung von Hausarbeiten, Abschlussarbeiten, wissenschaftlichen Aufsätzen, Dissertationen und Fachbüchern.

Besuchen Sie uns im Internet:

http://www.grin.com/

http://www.facebook.com/grincom

http://www.twitter.com/grin_com

Technische Universität Chemnitz
Philosophische Fakultät
Professur für Sozial- und Wirtschaftsgeographie
Spezialübung / BA-Hauptseminar "Angewandte Geographie"
Verfasser: Markus Winter
Sommersemester 2007/2008

Datum:25.09.07

Moskau-eine „sozialistische Stadt"?

Inhaltsverzeichnis

1.Einleitung 3

2. Machtkonstellation und Status Moskaus 4

3. Stadträumliche Gliederung 5

4. Begriffsdefinition: „sozialistische Stadt" 6

4.1. Die sozialistische Stadt aus historischer Perspektive und Veränderungen in der

postsozialistischen Phase 7

5. Wohnungsmarkt- staatliche Mindestversorgung im Wandel 7

5.1 Vom Wohnen im Kollektiv zum individuellen Wohnen 8

5.2 Büroimmobilen und Innenstadt 8

5.3 Cityentvölkerung 11

5.4 Sozialistische Wohnviertel contra Gated Communities 12

6. Deindustrialisierung contra Industrieanlagen 13

7. Monumente und Ideologie in der Architektur 14

7.1 Moskva City 15

7.2 Innenstadt und Zentrum aus dem Blickwinkel der sozialistischen Ideologie 17

7.3 Veränderungen im Stadtzentrum 18

8. Aktuelle Entwicklungen im Bereich öffentlicher Nahverkehr 19

9. Zusammenfassung 20

10. Literaturverzeichnis: 21

1.Einleitung

Moskau- wenn man den Namen dieser Metropole hört, entsteht zwangsläufig ein Bild vor dem geistigen Auge, das prachtvolle Metrostationen, orthodoxe Kirchen mit Zwiebeltürmchen und Sehenswürdigkeiten wie den Kreml beinhaltet. Doch Moskau hat weit mehr zu bieten als Touristenattraktionen. Sie strebt in die Liga der Weltmetropolen, wobei sich vor 20 Jahren hier das Zentrum der kommunistischen Welt befand. Die Stadt hat einen Transformationsprozess durchlaufen, der seinesgleichen sucht. Transformation bezeichnet den umfassenden und aus historischer Perspektive außerordentlich schnellen Wandel der politischen, ökonomischen und sozialen Strukturen der ostmitteleuropäischen und osteuropäischen Gesellschaften seit dem Ende der 1980er Jahre. Bezogen auf die Stadtentwicklung leitete sich hieraus die Erwartung des Nachholens von Prozessen ab, die westliche Städte in den letzten Jahrzehnten geprägt haben.[1]

Moskau entwickelte sich aus einer Einmillionenstadt im 20.Jahrhundert zu der nach Einwohnerzahl größten Stadtregion Europas und zum politischen, wirtschaftlichen und administrativen Zentrum der russischen Föderation. Die Stadt wurde 1918 Hauptstadt des ersten sozialistischen Staates der Welt.[2]

Gegenstand der Betrachtung soll Moskau in ausgewählten Aspekten sein, wobei zu Beginn die grobe Einordnung Moskaus stehen wird; außerdem werden in kurzen Ausschnitten die einsetzenden Veränderungen nach dem Umbruch, sowie deren Verlauf dargestellt. Weiterhin wird die stadträumliche Gliederung dargestellt, um im Anschluss das Hauptaugenmerk auf die sozialistische Stadt zu legen, wobei das Erkenntnisinteresse darauf gerichtet ist, festzustellen, inwieweit Moskau noch Merkmale der sozialistischen Stadt aufweist und welche Gründe dafür vorliegen. Im Mittelpunkt der Betrachtungen steht die sozialistische Stadt, die als theoretische Modellvorstellung entworfen wurde und in der Regierungszeit Stalins gebaut wurde, um das zeitliche Vergleichsfenster etwas zu beschränken, da dies den Umfang dieser Hausarbeit sprengen würde. Danach soll vergleichend die aktuelle Situation auf dem Immobilienmarkt mit der kommunistischen Wirklichkeit gegenübergestellt werden. Weiterhin wird der Grad der Industrialisierung beleuchtet, der im sozialistischen Stadtmodell eine große Rolle spielte und die Frage, inwieweit die ideologische Intention der sozialistischen Stadtplaner noch heute Einfluss auf den Menschen nehmen kann. Im letzten Punkt der Ausführungen soll dargestellt

---

[1] Vgl. Fassmann, H.(1997) S.32ff.
[2] Vgl. Rudolph, R. (2002) S.224.

werden, wie Konsumorientierung und die zunehmende Motorisierung auf die Stadt einwirken, wie dies aus Sicht des sozialistischen Stadtmodells gesehen wurde und welche Entwicklungstendenzen sich daraus aktuell für Moskau ergeben.

2. Machtkonstellation und Status Moskaus

Nach dem Zerfall der Sowjetunion wurde die zentrale Planwirtschaft durch eine marktwirtschaftsähnliche, dezentrale Ökonomie abgelöst und Moskau sah sich als Hauptstadt den globalen Einflüssen der modernen Welt ausgesetzt, von denen man weitestgehend durch die Abschirmung des Staatsgebietes geschützt war. Aus diesen Prozessen ergeben sich Chancen, beispielsweise durch internationale Kooperationen, aber auch Risiken wie die internationale Standortkonkurrenz. Weiterhin ist eine Verlagerung der zentralen Entscheidungsgewalt auf die lokale oder regionale Ebene zu beobachten, was eine Folge der Demokratisierung im Rahmen des Transformationsprozesses ist.[3]

Durch den Zusammenbruch der Sowjetunion erlebte Moskau auch einen gewaltigen Bedeutungsverlust. War man bis jetzt eine Hauptstadt von Staaten mit internationaler Bedeutung, so wurde der Einflussbereich auf den national-russischen Rahmen reduziert.

Über eine ausgesprochene Konstanz verfügt Moskau als Pforte zum russischen Markt für ausländische Investoren und als Partizipant im internationalen Wirtschaftskreislauf, wobei sich andere russische Millionenstädte eher in regionalen Handelsebenen bewegen. Die Moskauer Eliten bestimmen heute nicht nur die Region, sondern nehmen auch Einfluss auf den Gesamtstaat.[4]

Zu dieser Entwicklung hat die Konzentrierung von ökonomischen Ressourcen in der Stadt beigetragen. Der politische Exponent der Finanzgruppen, Bürgermeister Lushkow, versucht seinen Einflussbereich über das Stadtgebiet hinaus auszuweiten.[5]

[3] Vgl. Burdack, J. & Rudolph, R. (2001), S.263.
[4] Vgl. Rudolph, R. (2002), S.229ff.
[5] Vgl. Rudolph, R. (2002), S.231.

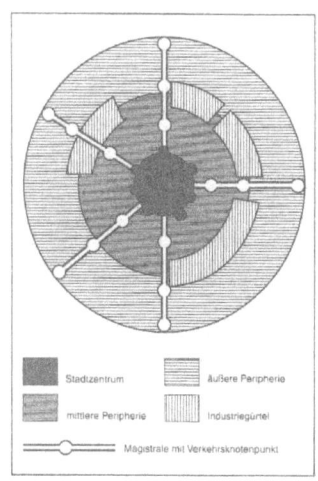

Abbildung 1; Modell der funktionalen Struktur Moskaus

Quelle: Lentz, S. (2002):Moskau. Aktuelle Stadtstrukturentwicklungsprozesse
In: Geographie und Schule, Band 24, Heft Nr. 136, Seite 31.

3. Stadträumliche Gliederung

Der Moskauer Stadtraum kann grob in die folgenden Gebiete untergliedert werden: Das Stadtzentrum, die mittlere und die äußere Peripherie – wie auch der Generalisierung der Moskauer Stadtstruktur nach funktionalen Entwicklungsbereichen in der nebenstehenden Abbildung 1 zu entnehmen ist. Charakteristisch ist ein konzentrisches Wachstum der Stadt nach außen mit einer typischen Abfolge verschiedener Bauformen: den vorrevolutionären und stalinistischen Gebäuden im Stadtzentrum, dem Ring aus Wohnvierteln der ersten Generation industriellen Wohnungsbaus zu Zeiten Chruschtschows sowie den zahlreichen Großsiedlungen in den äußeren Stadtgebieten.

Als Stadtzentrum werden vor allem die Gebiete innerhalb des Gartenringes betrachtet, welche geprägt sind durch die Funktion einer Geschäftscity mit Einzelhandel und Büroflächen. Danach

5

schließen sich die Stadterweiterungsgebiete ab den 1950er Jahren an – bezeichnet als Moskauer Peripherie. Diese Gebiete umfassen größere Wohngebiete aus der Zeit des industriellen Wohnungsbaus, die hinsichtlich ihrer Bewohnerzahl unterversorgt sind mit Arbeitsplätzen, Infrastruktur und Wohnfolgeeinrichtungen. Der Bereich der inneren Peripherie ist dabei gekennzeichnet durch Bauten des industriellen Wohnungsbaus aus der Zeit Chruschtschows – die so genannten ‚Chruscobys'. Diese Gebäude sind zumeist fünfstöckig und zum Teil aus Ziegeln, später aus Fertigbetonplatten erbaut. Da viele dieser Bauten unter hohem Zeitdruck und unter Verwendung schlechter Baumaterialen errichtet wurden, ist die Qualität dieser Gebäude entsprechend minderwertig und viele von ihnen sind inzwischen abrissreif. Außerhalb eines Gürtels ausgedehnter Industrieanlagen, der sich seit dem 19. Jahrhundert insbesondere im Südosten und Osten entlang des städtischen Eisenbahnringes entwickelt hat, befinden sich die Wohngebiete der äußeren Peripherie. Diese umfassen insbesondere die Großwohnsiedlungen der jüngeren Vergangenheit mit ihren hochgeschossigen Gebäudekomplexen.[6]

4. Begriffsdefinition: „sozialistische Stadt"

Der Begriff der „sozialistischen Stadt" entstand in den zwanziger Jahren des 19. Jahrhunderts in der Sowjetunion und wurde intensiv diskutiert. Problematisch ist, dass die Begriffsbildung nie vollständig konkretisiert wurde und dass es sich im Großen und Ganzen eher um theoretische Überlegungen handelte, oftmals fern der Realität. Diese neu gestaltete Stadt sollte der Lebensraum eines „neuen Menschen" in einer neuen Gesellschaftsform sein und somit auf dessen Bedürfnisse zugeschnitten werden. Die Funktion der Siedlung musste auf die Erziehung des Menschen hinwirken und neue Verhaltensweisen und Bedürfnisse hervorrufen. Der Begriff „Stadt" wurde nicht mehr gebraucht, die Stadtplaner gingen von Siedlungsachsen aus, die städtischen und ländlichen Raum verbinden sollten. Als in den dreißiger Jahren der Bauboom einsetzte, wurden die Entwürfe nicht umgesetzt. Die Definition der sozialistischen Stadt trifft somit eher auf:„ Mitte der dreißiger bis zu Beginn der fünfziger Jahre neugebaute oder fundamental umgebaute Städte oder Stadtteile in der Sowjetunion und im sowjetischen Macht- und Einflussbereich der frühen Nachkriegszeit"[7] zu. Diese Städte waren sehr durch Stalin geprägt, der oft selbst Einfluss auf Entscheidungen bezüglich der Architektur nahm. Ähnlich

---

[6] Vgl. Lentz, S. (2002), S.31ff.
[7] Vgl. Karger, A. & Werner, F. (1982), S.519.

verhält sich der heutige Oberbürgermeister der Stadt Moskau, Lushkov, der in vielen Bauvorhaben architektonische Details mitentscheidet.[8]

4.1. Die sozialistische Stadt aus historischer Perspektive und Veränderungen in der postsozialistischen Phase

Das weltanschauliche Modell der sozialistischen Stadt und wie Städte in der Realität gebaut wurden, ist zu unterscheiden und hängt ab von den jeweiligen Entwicklungsphasen.[9] Die Stadtentwicklung zielte auf eine Schaffung gleichwertiger Lebensverhältnisse und auf die Aufhebung der Unterschiede im städtischen Lebensniveau. Dass die Realität oft nicht mit der Planung übereinstimmte, zeigen die Widersprüche des damals herrschenden Systems.[10]

Zu Zeiten des Sozialismus war Grund und Boden verstaatlicht und stand so dem Städtebauprozess in vollem Umfang zur Verfügung. Mit der politischen Wende in Russland kam es zu Privatisierungen von vormals volkseigenen Betrieben. Über die Ausgabe von Anteilsscheinen wurde den Beschäftigten der Industriebetriebe Eigentum an diesen verschafft. Personen, die Anteilsscheine aufkauften, konnten so auf einfachem Wege neues Eigentum erlangen.

5. Wohnungsmarkt- staatliche Mindestversorgung im Wandel

War zu Zeiten des Sozialismus das herausragende Interesse dem Kollektiv geschuldet, bzw. der Erfüllung der vermeintlichen Interessen der Mehrheit, so hat sich diese Entwicklung heute nahezu völlig gewandelt. Die Innenstadt wurde unter anderem von Einrichtungen, die dem Allgemeinwohl dienen sollten, bestimmt. Als Beispiel waren Kulturhäuser, Sporteinrichtungen und Gebäude der öffentlichen Verwaltung großzügig angelegt, wogegen der private Wohnungsbau vernachlässigt wurde. Der Mangel an Kapital und Baustoffen führte zu einem Konsumverzicht, besonders im Wohnungsbau.[11] Die für die Stadtplanung Verantwortlichen legten den Bedarf des Einzelnen fest, ohne allerdings auf die wahren Bedürfnisse einzugehen, die bedeutend vielfältiger waren, als dass sie eine Planungsbehörde hätte befriedigen können.[12]

---

[8] Vgl. Brade, I. & Rudolph, R. (2007), S.26.
[9] Vgl. Karger, A. & Werner, F. (1982), S.519ff.
[10] Vgl. Burdack, J. & Rudolph, R. (2001), S.262ff.
[11] Vgl. Karger, A. & Werner, F. (1982), S.519.
[12] Vgl. Burdack, J. & Rudolph, R. (2001), S.262.

Auch in dem privaten Wohnungsmarkt haben sich Veränderungen vollzogen; er befindet sich mit mehr als 50% in Privatbesitz.[13]

In der Vergangenheit wurde die Vergabe von Wohnraum und anderen Ressourcen von einer zentralen Instanz, gebunden an den Parteiapparat, geregelt. Heute bestimmt in allererster Linie das Prinzip von Angebot und Nachfrage über die Möglichkeit, eine Wohnung zu erhalten. Dies steht im klaren Gegensatz zur angestrebten Gleichheit in der Konzeption der sozialistischen Stadt. Die Mietpreise im heutigen Moskau gehören zu den höchsten weltweit. Das Interesse der Mieter richtet sich besonders auf den Westen oder Südwesten der Metropole, da er nicht so stark von Industriebetrieben belegt ist. Der Osten und Südosten besitzen die geringste Attraktivität. In diesen Stadtsektoren ist die ökologische Situation am schlechtesten und der Anteil sozialer Problemfälle ist höher.[14]

5.1 Vom Wohnen im Kollektiv zum individuellen Wohnen

Die Sozialistische Stadt war vor allem als Produktionsstätte konzipiert und sollte auf die aus dem ländlichen Milieu stammenden Arbeiter erzieherisch „von oben" wirken.[15] Imposante Industrieanlagen und auf den Kommunismus ausgerichtete Monumente sollten zur Identifikation des Werktätigen mit den Ideen der Partei führen. Die Masse der Werktätigen lebte in Einheit und Gleichheit, so dass die Möglichkeit für von der Norm abweichende Wohnideen kaum möglich war. Die Menschen wohnten unweit der Fabrik in neu errichteten Behausungen, allerdings mit oft sehr geringem Raumangebot. Die aktuelle Entwicklung ist anders und unterscheidet sich gravierend von der damaligen Situation. Wohnen nach individuellen Vorstellungen ist im heutigen Moskau um einiges einfacher wie damals, Villen und Apartmentblocks stehen nicht mehr nur den vom Parteiapparat Begünstigten zur Verfügung. Dies steht wiederum klar im Gegensatz zum Modell von der sozialistischen Stadt, das die Vereinheitlichung der Wohnverhältnisse beinhaltete.[16]

5.2 Büroimmobilen und Innenstadt

Die heutige Immobilienlandschaft der Stadt findet immer eine Antwort auf die Ansprüche der zahlungsfähigen Kundschaft. Auf den Flächen ehemaliger Industriebetriebe, die errichtet

---

[13] Vgl. Lentz, S. (2002), S.30.
[14] Vgl. Rudolph, R. (2001), S.42f.
[15] Vgl. Karger, A. & Werner, F. (1982), S.520.
[16] Vgl. Burdack, J. & Rudolph, R. (2001), S.262.

wurden, um den Westen zu überholen[17], entstehen jetzt moderne Büroimmobilien internationalen Standards, in denen sich Unternehmen aus den Ländern des ehemaligen Klassenfeindes niederlassen. Dies wäre für die Vordenker des sozialistischen Stadtmodells undenkbar gewesen, ein klarer Widerspruch zur ursprünglichen Konzeption.

Der Markt für Büroimmobilien zieht zahlreiche Interessenten aus dem In- und Ausland an. Der Umfang des Büroflächenbaus verdoppelt sich nahezu jedes Jahr.[18] Großkonzerne aus aller Welt gründen Niederlassungen in Moskau, was einen hohen Bedarf an ausgezeichneten Büroräumen zur Folge hat. Durch die große Nachfrage werden die Preise enorm in die Höhe getrieben.

Das Mietpreisniveau liegt zwischen 500 und 600 US-Dollar/m² und Jahr und die Stadt verzeichnet einen niedrigen Büroleerstand.[19] (siehe Abb.2 und 4). Zu Zeiten der Sowjetunion wurden die Preise von einer zentralen Stelle reguliert, sowie die Bereitstellung von Kapital und der Einsatz von Arbeit.[20] Das Eingreifen in den Markt durch ausländische Unternehmen ist neu und trat in der sozialistischen Stadt in dem Sinne nicht auf. Durch die ungeheure Machtkonzentration und die große Einflusssphäre der Moskauer Stadtregierung wird auch eine Beeinflussung der Preise erreicht, allerdings bei weitem nicht so, wie in der jüngeren Vergangenheit. Damals war die Standortwahl im Rahmen der Stadtplanung strikt der „ökonomischen Hauptaufgabe" untergeordnet, dem Einholen und Überholen des Kapitalismus und dem Nachholen der Industrialisierung.[21] Überholen und Einholen gelang der Stadt erst, als im Lande ein marktwirtschaftsähnliches Wirtschaftssystem eingeführt wurde. Moskau gilt als eine der teuersten Städte weltweit (siehe Abb.2) und hat auf diesem Gebiet definitiv aufgeholt. Die Neubauten im Bürosektor entsprechen internationalen Standards und ein Ende des Baubooms ist noch nicht in Sicht.

[17] Vgl. Karger, A. & Werner, F. (1982), S.520.
[18] Vgl. Brade, I. & Rudolph, R. (2007), S.26.
[19] Vgl. Brade, I. & Rudolph, R. (2007), S.26.
[20] Vgl. Karger, A. & Werner, F. (1982), S.520.
[21] Vgl. Karger, A. & Werner, F. (1982), S.520.

Abbildung 2; Büroraummieten in europäischen Metropolen

Quelle:JIL(Jones Lang LaSalle; 2006):Moscow City Profile 2005, www.joneslanglasalle.ru
(Zugriff:4.8.2006) zitiert nach: Brade, I. & Rudolph, R. (2007):Moskau. Facetten einer Metropole auf dem Weg zur Global City. In: Geographie und Schule, Band 29, Heft Nr. 165, Seite 26.

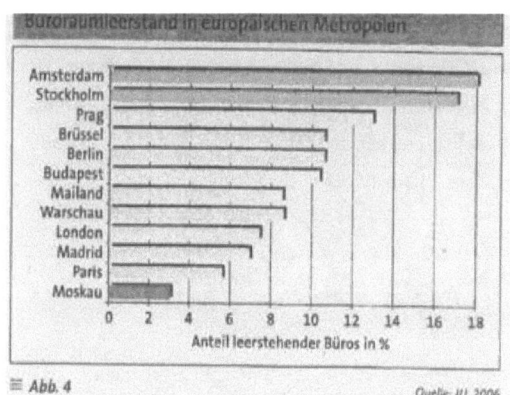

Abbildung 3; Büroraumlehrstand in europäischen Metropolen
Quelle: JIL(Jones Lang LaSalle; 2006):Moscow City Profile 2005, www.joneslanglasalle.ru
(Zugriff:4.8.2006) zitiert nach: Brade, I. & Rudolph, R. (2007):Moskau. Facetten einer Metropole auf dem Weg zur Global City. In: Geographie und Schule, Band 29, Heft Nr. 165, Seite 26.

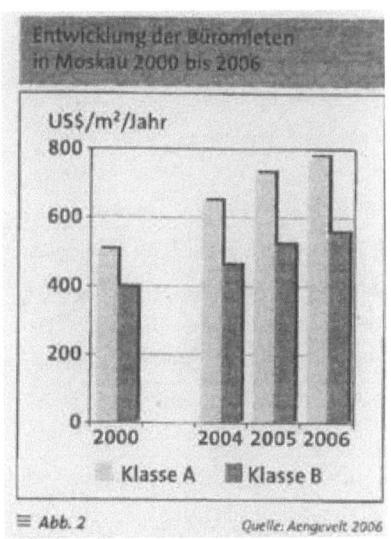

Abbildung 4; Entwicklung der Büromieten in Moskau 2000 bis 2006

Quelle:Aengevelt(2006): Moskau- Jahresbericht 2005, www.aengevelt.com (Zugriff: 25.5.2006).zitiert nach:Brade, I. & Rudolph, R. (2007):Moskau. Facetten einer Metropole auf dem Weg zur Global City. In: Geographie und Schule, Band 29, Heft Nr. 165, Seite 26.

5.3 Cityentvölkerung

Der im vorangegangenen Punkt angesprochene Bürobedarf hat besondere Auswirkungen auf das Zentrum. Da das Angebot die Nachfrage nicht befriedigen konnte, schloss die Stadt mit Investoren Verträge ab, welche die Klausel beinhalteten, dass wenn diese Wohnhäuser renovieren, 50% der Wohnfläche dem Wohnungsmarkt zur Verfügung zu stellen ist; den restlichen Anteil konnten sie als Büroimmobilien anbieten. Diese Maßnahme führte zur Erhaltung der Bausubstanz, aber auch zu einer Verdrängung der Wohnbevölkerung[22]. Dies steht den Vorstellungen der sozialistischen Stadtplaner entgegen, die die Wohnfunktion des Zentrums erhalten wollten. [23]

Das Stadtzentrum ist als Wohnstandort sehr begehrt. In den Zeiten großer Wohnungsnot in den neunzehnhundertzwanziger Jahren entstanden Gemeinschaftswohnungen, so genannte

---

[22] Vgl. Lentz, S. (2000), S.17.
[23] Lentz, S. (2002), S.33.

Kommunalkas, in denen mehrere Familien auf engstem Raum zusammenlebten und sich beispielsweise sanitäre Einrichtungen und Küchen zur Benutzung teilten. Andererseits erhielten verdienstvolle Sportler, Funktionäre und hochrangige Militärs Wohnraum im Stadtzentrum.[24] In der heutigen Zeit bleibt das Zentrum so genannten „Neuen Russen", Menschen, die im Zuge der Perestroika zu Reichtum gelangten, und reichen Ausländern vorbehalten.[25] Nicht mehr der Verdienst am Kollektiv und der Verdienst zum Wohle aller entscheidet über eine attraktive Wohnlage heute, sondern schlicht und allein die finanziellen Möglichkeiten des potentiellen Mieters. Auch gegenwärtig werden noch Wohnungen von mehreren Familien gleichzeitig bewohnt, bedingt durch das Moskauer Mietniveau. Die einheitlichen, monotonen Wohnungen der Sowjetzeit werden mehr und mehr von modernen und individuellen Wohnstätten abgelöst; die sozialistische Wohnkultur tritt zunehmend in den Hintergrund.

Im Gegensatz zur kommunistischen Zeit ist eine Verdrängung sozial Schwächerer zu beobachten. Wie im Stadtmodell von Burges ist eine Abwanderung in die Außenbezirke zu bemerken und dafür die Ansiedlung wohlhabender Menschen an deren Platz.

5.4 Sozialistische Wohnviertel contra Gated Communities

In der sozialistischen Stadt herrschte in den Wohnvierteln Tristesse und Kreativlosigkeit, neuen Ideen wurde nur selten Raum gegeben. Die im Sozialismus weit verbreitete Standardisierung spart zwar Kosten, allerdings ist für den Betrachtenden das Resultat wenig reizvoll. Man verwendete oft Wohnhäuser vordefinierter Typen, die die sozialistische Stadt entscheidend mitprägten. Auch in Moskaus Wohnbezirken sind noch heute diese Bauwerke zu sehen. Die Stadt verwaltet das architektonische Erbe einer kommunistischen Periode von fast einem Jahrhundert.

Auch die Bestückung der Wohnviertel der sozialistischen Stadt mit Kindergärten, Ganztagesschulen, Kultureinrichtungen und Sportstätten war geplant, wurde allerdings erst verspätet realisiert oder zum Teil nicht bedarfsgerecht ausgeführt. Diese genannten Einrichtungen sollten dem „modernen Menschen" helfen, seine Konzentration auf die Arbeit zu legen, sich zu erholen und sich selbst zu verwirklichen im kulturellen Leben, den Körper fit

---

[24] Vgl. Brade, I. & Rudolph, R. (2007), S.30.
[25] Vgl. Lentz, S. (2000), S.17.

zu halten beim Sport um mit ganzer Kraft zum „Überholen und Einholen" des Klassenfeindes mitzuwirken. [26]

Allerdings existierte auch ein Stadtteil, in dem ausschließlich Sowjetbeamte oder Parteifunktionäre wohnten und wo Wohnungen höheren Ansprüchen gerecht wurden. Diese Wohnstätten kamen in der theoretischen Konzeption der sozialistischen Stadt nicht vor, aber sie existierten, z.b. an der am westlichen Stadtrand Moskaus gelegenen Chaussee, in deren unmittelbarer Nähe sich das Regierungskrankenhaus befindet. [27]

Im heutigen Moskau ist eine ähnliche Tendenz festzustellen. Auf dem Hochpreissektor entstehen viele hochwertige Wohnungen und Apartments, die der zahlungsfähigen Kundschaft zur Verfügung stehen. Vermehrt ist auch das Auftreten von Gated Communities zu beobachten. Dies sind Wohnhausblocks, die nach außen hin abgeschlossen sind und meist von Wachpersonal und durch Videoüberwachung geschützt werden. In diese Komplexe sind oft Supermärkte, Bars, Fitnessstudios und andere Einrichtungen eingeschlossen. Mietpreise können bis zu 4000 US-Dollar im Monat betragen. [28] Luxuswohnungen und Gated Communities stimmen nicht mit der Definition der sozialistischen Stadt überein, allerdings existierten deren Vorläufer schon in der Sowjetunion. Dies ist ein weiterer Widerspruch des „real existierenden Sozialismus".

6. Deindustrialisierung contra Industrieanlagen

Die sozialistischen Stadtplaner legten großen Wert auf die Ansiedlung von Schlüsselindustrien, um dem Westen Paroli bieten zu können. So entstanden z. B. große metallurgische Betriebe und um sie herum wurden Städte angesiedelt. Auch auf der Moskauer Stadtfläche wurden besonders im Nordostteil in ausgedehnten Dimensionen angelegte Industrieanlagen vorgefunden. [29]

Die Stadt erfuhr allerdings schon in den 1970-er Jahren eine Deindustrialisierung und Tertiärisierung. Die Regionalplaner versuchten gezielt Forschungs- und Produktionsstätten in Städten des Umlandes anzusiedeln. Sie verfolgten die Absicht, die Stadt von Flächenansprüchen der Industrie zu befreien und von Emissionen der Betriebe und Kraftwerke zu entlasten. Mit diesen Maßnahmen konnte das industrielle Wachstum nicht gestoppt werden,

---

[26] Vgl. Karger, A. & Werner, F. (1982), S.521.
[27] Rudolph, R. & Brade, I. (2005), S.93.
[28] Lentz, S. (2002), S.33.
[29] Vgl. Karger, A. & Werner, F. (1982), S.520.

aber Zuwachsraten bei den Beschäftigten und der Bedarf an Produktionsfläche verringerten sich. Die Ansiedlung von Verwaltungseinrichtungen, die im Zusammenhang mit der zentralen Lenkung der Wirtschaft standen, wurden gefördert. Die Zahl der Industriebeschäftigten verringerte sich von 22,6% (1990) auf 15,2% (1998).[30] Die Deindustrialisierung der Stadt steht im Widerspruch zu der im sozialistischen Stadtkonzept festgehaltenen Produktionsfunktion, die immer im Vordergrund stehen sollte.[31] Die Tatsache, dass die Vermeidung der weiteren Industrieansiedlung und Verlagerung schon zu Zeiten des Kommunismus einsetzte zeigt, dass das Modell der sozialistischen Stadt in der Praxis nur eingeschränkt Anwendung fand und vermutlich spätestens zu diesem Zeitpunkt auch kommunistische Stadtplaner begriffen, dass das Modell und die Praxis nicht zwangsläufig immer deckungsgleich sein können..

7. Monumente und Ideologie in der Architektur

In der Sowjetunion galt als wichtige Maxime, dass die Produktion vor dem Konsum zu rangieren habe.[32] Dies hat sich im heutigen Moskau umgekehrt. In der sozialistischen Stadt wurde bei stadtplanerischen Entscheidungen auf Effizienz der Mittel geachtet, da Baustoffe und Kapital knapp waren. Bei Gebäuden oder Monumenten mit ideologischer Ausrichtung wurde nicht gespart, denn diese dienten der „Erziehung" des Individuums und sollten auf bestehenden Reichtum und Wohlstand hinweisen, ruhmreiche Taten der Vergangenheit z.B. durch Siegesmäler in das Bewusstsein rufen oder technischen Fortschritt zur Schau stellen. Im heutigen Moskau sind noch Überbleibsel dieser Ära in Form von Statuen, Mahnmälern oder Gebäuden erhalten. (Siehe Abb.5)

---

[30] Lentz, S. (2002), S.30.
[31] Vgl. Karger, A. & Werner, F. (1982), S.520.
[32] Vgl. Karger, A. & Werner, F. (1982), S.520.

Abb. 5:Leninstatue in Moskauer Innenstadt

Quelle: o.V.: http://static.twoday.net/lostintranslation2/images/Lenin-und-Zuckerbaecker.jpg, 23.September 1997.

Die Bevölkerung und auch die Funktionäre in der Stadtverwaltung sind mit den Erscheinungen dieser ausgelaufenen Epoche aufgewachsen. Deshalb ist ein radikaler Bruch mit diesem Teil der Vergangenheit unwahrscheinlich, zumal sie Bestandteil der vaterländischen Geschichte sind. Das Zeigen von Macht und Größe, das Bedürfnis nach Darstellung, ist ungebrochen. In der Vergangenheit wurde die Größe der Gesellschaft oder einer Gruppe betont, wobei die aktuelle Entwicklung eher eine individualistische Note bekommen hat. Großprojekte werden immer noch realisiert, aber einzelne Interessengruppen versuchen mehr und mehr, ihren Wohlstand zu zeigen. Die propagandistischen Monumente sind eher Zeitzeugen der vaterländischen Geschichte und in die Alltagskultur aufgenommen, wobei sie zwar Merkmale der sozialistischen Stadt sind, aber deren ideologischer Gehalt nicht mehr in dem Maße wie zu Zeiten des Kommunismus zum Tragen kommt.

7.1 Moskva City

Das die Moskowiter eine ausgeprägte Vorliebe für Anlagen ungeheuren Umfangs und Großprojekte haben, ist nicht erst seit der kommunistischen Ära bekannt. Es bestand von jeher der Wunsch, ähnlich modern wie in anderen Weltstädten zu leben. Das herausragendste Projekt ist ohne Zweifel die Moskva City, eine Bürocity, die auf einer alten Industriefläche westlich der Innenstadt errichtet wird und auf deren Gebiet bis 2015 2,5 Millionen m² Nutzfläche für Büros, Geschäfte, öffentliche Verwaltungen, Hotels und Freizeitanlagen entstehen. Vorangetrieben wird das Vorhaben von der Moskauer Stadtadministration und von Vertretern der Erdöl- sowie Erdgasindustrie und Banken, die sich am lukrativen Moskauer Immobilienmarkt beteiligen wollen. Auch internationale Konzerne haben bereits Interesse an dem Projekt bezeigt.[33] (Siehe Abb.6)

Abbildung 6: Moskva-City

Quelle: o.V.: http://www.flickr.com/photos/the_op/526332324/, 24.September 2007

War zu Zeiten der Diktatur des Proletariats die Funktion der Prestigebauten eher der Welt zu zeigen, zu welchen Taten der Kommunismus fähig ist, und erfuhr damit eine starke ideologische Aufladung, so ist heute der Anspruch und das Ziel, als Weltstadt angesehen zu werden und seinen Platz in einer Menge aufstrebender Städte zu etablieren. Man hat die Ambition, als glanzvolle Metropole zu gelten und viele Bauprojekte stehen symbolträchtig für einen Aufbruch in eine neue und schillernde Zukunft. Moskau als Hauptstadt modernster Verkehrs-, Finanz- und Informationsströme, Ort der elitären Repräsentation, soll leuchtendes Aushängeschild und unangefochtenes Zentrum der russischen Föderation sein.[34] Das Konsumstreben der Moskauer und der Anspruch als Weltmetropole unter Gesichtspunkten des

---

[33] Vgl. Brade, I. & Rudolph, R. (2007), S.27.
[34] Vgl. Brade, I. & Rudolph, R. (2007), S.27.

16

Kapitalismus zu gelten, haben die Ideen der kommunistischen Partei nahezu verdrängt. Somit spricht dies eindeutig gegen eine Stadt sozialistischen Typs, in der Gleichheit herrscht und der Mensch „ edler" wird.

7.2 Innenstadt und Zentrum aus dem Blickwinkel der sozialistischen Ideologie

Die sozialistische Stadt war gekennzeichnet von einer Magistrale, deren Aufgabe darin bestand, die Arbeitskräfte in die Produktionsstätten zu leiten und nach Beendigung der Schicht wieder auf die Wohnquartiere zu verteilen. Sie war dem öffentlichen Nahverkehr vorbehalten, da man Durchgangs- und Fernverkehr aus der Stadt fernhalten wollte. Private Motorisierung war eher spärlich vorhanden. Die Magistrale diente auch zu Kundgebungen und Paraden und sollte dem „politischen Willen" der Bevölkerung Ausdruck verleihen. Sie wird dieser Funktion gerecht durch ihre Geradlinigkeit, Länge und überdimensionierte Breite, sowie durch ihre Randbebauung mit öffentlichen Gebäuden, die eine geeignete Kulisse für Demonstrationen abgibt.[35]

Ein weiteres Merkmal der sozialistischen Stadt ist der zentrale Platz, der ähnlich wie die Magistrale der Machtdemonstration diente sowie als Zentrum des politischen Lebens deklariert wurde. Hier konzentrierten sich die wichtigsten politischen, kulturellen und administrativen Stätten und fanden wichtige Demonstrationen, Feiern und Aufmärsche statt. Die umliegenden Gebäude sind oftmals kulturelle oder administrative Einrichtungen, die durch ihre imposante Erscheinung der Machtdemonstration dienen sollen und die Ausschließlichkeit der Gesellschaftsordnung unterstreichen.[36]

Der zentrale Platz der russischen Hauptstadt ist der Rote Platz. Er diente der Zurschaustellung der Macht und die hier abgehaltenen Paraden übertrafen die der übrigen Städte Russlands. Aufmärsche und Kundgebungen sind seltener geworden, allerdings werden immer noch große Feiertage in offiziellem Rahmen begangen. Einige nationale Feiertage sind zwangsläufig geschichtlich mit dem Kommunismus verbunden, werden aber nicht mehr in dem Maße wie damals ideologisch überladen. Die Magistrale, der zentrale Platz und die Paraden sind eindeutige Merkmale der sozialistischen Stadt, wobei ihre Funktionen sich mehr und mehr von der eigentlichen Intention entfernen.

---

[35] Vgl. Karger, A. & Werner, F. (1982), S.521.
[36] Vgl. Karger, A. & Werner, F. (1982), S.521.

Im Kommunismus wurde versucht, die nationale Vergangenheit mit der der Sowjets zu verbinden und so einen „Sowjetpatriotismus" zu kreieren. Auch das Leninmausoleum unterstrich das Verschmelzen von sowjetischer und russischer Kultur, welche vor Ort durch Kreml und Basiliuskathedrale repräsentiert werden. Die beiden letztgenannten Bauwerke erfreuen sich immer noch reger Beliebtheit, wogegen die Popularität des Leninmausoleums nachgelassen hat.

Unweit des Roten Platzes entstand eine unterirdische Mall am Maneznaja-Platz; auf der Fläche waren früher Paraden und Demonstrationen abgehalten worden.[37] Das letzte Beispiel unterstreicht, dass die Ideen der kommunistischen Stadtplaner immer mehr den kapitalistischen Interessengruppen weichen müssen und die Westorientierung immer mehr zunimmt.

7.3 Veränderungen im Stadtzentrum

Die gravierendsten Umwälzungen bewirkte sicherlich die Privatisierung der Produktionsmittel, die damit verbundene sozioökonomische Differenzierung der Gesellschaft rief eine differenzierte Nachfrage nach Konsumgütern hervor. Durch die „Neuen Russen" entstand eine Nachfrage nach einem hochwertigen Einzelhandel und einer breiten Palette an Dienstleistungen[38]. Die Bedürfnisse waren im Kommunismus sicherlich vorhanden, allerdings konnten sie in nur wenigen Fällen befriedigt werden; ein Zugang zum exklusiven Prämiensystem der Partei war notwendig. Der tertiäre Sektor genoss nur wenig Wertschätzung, sofern er sich auf individuellen Konsum ausrichtete. Im Zentrum konzentrierten sich viele Einrichtungen, die dem Tertiärsektor angehören, wie Bildungs-, Regierungs- und Forschungseinrichtungen, sowie der Einzelhandel. Heute ist ein Zuwachs vor allem im Bereich „Öffentliche Gaststätten und Ernährung", im Gesundheitswesen, in Kunst und Kultur und „sonstige Unternehmungen", letzteres beinhaltet neu gegründete Unternehmen, die nicht in die traditionelle Wirtschaftsstatistik passen[39].

Ein weiterer Faktor, der Einfluss auf die Entwicklung des Zentrums genommen hat, ist die Privatisierung des Bodens. Vorherrschend sind allerdings Erbpachtverträge für 49 Jahre. Dies war zu Zeiten der Sowjetunion undenkbar, da Privateigentum in dem Sinne nicht existierte und unterstreicht den Wandel, der in diesem Sektor vollzogen wurde.

---

[37] Vgl. Lentz, S. (2000), S.13.
[38] Vgl. Lentz, S. (2000), S.13.
[39] Vgl. Lentz, S. (2000), S.14.

Auch das Warenangebot spiegelt die neue Zeit wider. Das Einzelhandelsangebot im Hochpreissegment und für die Mittelschicht hat zugenommen und russische Waren befinden sich in enger Konkurrenz mit ausländischen Anbietern. Besonders die Vielfalt und die Möglichkeit, fremdländische Produkte zu kaufen, war vor dem Machtwechsel nicht in dem Maße gegeben wie heute. Damals bestand das Kaufhaus „GUM" als zentrales Einkaufszentrum. Heute bietet das Zentrum verschiedenste Einkaufsmöglichkeiten wie den neuen und alten Arbat und die Mall am Meneznaja-Platz. Die Tertiärisierung und Kommerzialisierung der Innenstadt steht klar gegen die Vorstellungen der kommunistischen Stadtplaner, die eine Dienstleistungsgesellschaft ablehnten. Vielfältige Einkaufsmöglichkeiten mit üppigem Angebot, sind ein weiterer Hinweis auf eine Kommerzialisierung der Bevölkerung, die in der SU abgelehnt wurde. Auch die Privatisierung von Grund und Boden widerspricht den Vorstellungen der sozialistischen Stadt mit vorherrschendem Volkseigentum.

8. Aktuelle Entwicklungen im Bereich öffentlicher Nahverkehr

In der Konzeption der sozialistischen Stadt war eine klare Ausrichtung des Personentransportes auf öffentliche Verkehrsmittel vorhanden. Im Vordergrund stand dabei der Transport zur Arbeit und zurück an die Wohnstätte.[40]

In Moskau konnte auch von einer Dominanz des öffentlichen Nahverkehrs gegenüber dem Individualverkehr gesprochen werden.[41]

Das heutige Moskau steht in einem Entwicklungsprozess, der dem Auto einen immer wichtigeren Platz zuweist. Dieses Geschehen ist kein neues, denn seine Ursprünge liegen in den 1970er Jahren. Schon damals war eine Ausrichtung auf eine Individualkultur zu verzeichnen, durch verstärkte Konsum und Freizeitorientierung und Automobilisierung der Bevölkerung. Dieser Prozess betraf Moskau in besonderem Maße, da die Stadt als Hauptstadt beste Versorgung mit Konsumgütern und Dienstleistungsangeboten besaß.[42]

Auf der Suche nach neuen Flächen zum Zwecke des Wohnungsbaus werden jetzt auch Gebiete erschlossen, die nicht mit öffentlichen Verkehrsmitteln erreichbar sind. Die Stadtverwaltung löst sich immer mehr von der Erschließung mit Buslinien und zieht den Privatbesitz eines Pkw ins Kalkül. Der Grundriss vieler sozialistischer Städte war sternförmig, da diese entlang der

---

[40] Vgl. Karger, A. & Werner, F. (1982), S.521.
[41] Lentz, S. (2002), S.29.
[42] Lentz, S. (2002), S.29.

großen Verkehrsachsen aufgrund des öffentlichen Nahverkehrs stark wuchsen. Aufgrund der Individualmotorisierung wird sich ein ringförmiger Grundriss einstellen.[43]

Der Bau des dritten Verkehrsrings wird ebenso zu dieser Entwicklung beitragen. [44]

Eine sich herausbildende neue Mittelklasse, die ihre Bedürfnisse mit Konsum befriedigt, sind die potentiellen Kunden der am Stadtrand entstandenen Einkaufszentren. Mitglieder dieser Gruppe verfügen über ein stabiles Einkommen und einen Pkw. Zurzeit sind etwa 3,4 Millionen KFZ in Moskau angemeldet, deren Zahl um 10% jährlich steigt.[45]

Die verstärkte Ausstattung der Bevölkerung mit Pkw und die Grundrissveränderung sind klare Merkmale, die gegen die sozialistische Stadt sprechen.

9. Zusammenfassung

Gegen Ende der Arbeit soll die Antwort auf die Ausgangsfrage gegeben werden, sie lässt sich allerdings nicht eindeutig lösen. Zu vielschichtig ist das Geschehen in der Stadt und es lässt verschiedene Interpretationen zu. Meiner Meinung nach lässt sich die kommunistische Vergangenheit nicht auslöschen. Sie ist in Form von städtebaulichen Überprägungen und Veränderungen immer noch präsent, allerdings eher als Zeuge einer vergangenen Epoche. Ich denke, dass die russische Hauptstadt nicht mehr als sozialistische Stadt bezeichnet werden kann, da ein Großteil der Merkmale langsam aus dem Stadtbild verschwinden wird, oder dies schon geschehen ist. Nicht alle Kennzeichen des sozialistischen Stadtmodells fanden in der Realität Anwendung, da sie nicht immer in die Wirklichkeit übertragbar waren. Die Intentionen der sozialistischen Stadtplaner, den Menschen edler zu machen und alles auf die Produktion auszurichten, wurden weggewischt von einer Woge von Veränderungen, welche die Transformation der Gesellschaft und der Stadt auf allen Bereichen mit sich brachte. Moskau ist auf dem Weg, sich immer mehr in Richtung Westen zu orientieren und fördert so immer mehr die Hinwendung zum Kapitalismus, der meiner Ansicht nach; wenn es finanziell einträglich ist; bauliche Zeugen des Sozialismus erhalten wird. Auf lange Sicht wird sich meiner Meinung nach Moskau ähnlichen Entwicklungsprozessen unterziehen wie andere europäische Metropolen, wobei sie momentan noch einen gesonderten Entwicklungsweg beschreitet, der dem Sozialismus geschuldet ist.

---

[43] Lentz, S. (2002), S.32.
[44] Argenbright, R (2003), S. 1387.
[45] Argenbright, R (2003), S. 1390.

10. Literaturverzeichnis:

Karger, A. & Werner, F. (1982): Die sozialistische Stadt, In: Geographische Rundschau 34, H. 11, 519-528.

Rudolph, R. (2002):Die Moskauer Region zwischen Planung und Profit. Postsowjetische Faktoren und Prozesse der Raumentwicklung, In: Beiträge zur Regionalen Geographie, Band 57, Seite 224-254.

Brade, I. & Rudolph, R. (2007):Moskau. Facetten einer Metropole auf dem Weg zur Global City, In: Geographie und Schule, Band 29, Heft Nr. 165, Seite 25-32.

Lentz, S. (2000):Die Transformation des Stadtzentrums von Moskau, In: Geographische Rundschau, Band 52, Heft Nr. 7/8, Seite 11-18.

Burdack, J. & Rudolph, R. (2001):Postsozialistische Stadtentwicklungen zwischen nachholender Modernisierung und eigenem Weg, In: Geographica Helvetica, Band 56, Heft Nr. 4, Seite 261-273.

Lentz, S. (2002):Moskau. Aktuelle Stadtstrukturentwicklungsprozesse, In: Geographie und Schule, Band 24, Heft Nr. 136, Seite 29-33.

Rudolph, R. & Brade, I. (2005):Moskau, In: Beiträge zur Regionalen Geographie, Band 61, Seite 82-102.

Rudolph, R. (2001):Stadtzentren russischer Großstädte in der Transformation. St. Petersburg und Jekaterinburg, In: Beiträge zur Regionalen Geographie, Band 54, Seite 35-51.

Robert Argenbright (2003):Platz schaffen für die neue Mittelklasse Moskaus dritter Transportring, In: Osteuropa, 53.Jg., 9-10/2003, S. 1386-1399.

.